T. 1577.

F.

ESSAI

SUR LA FORCE ANIMALE,

ET

SUR LE PRINCIPE

DU

MOUVEMENT VOLONTAIRE.

A PARIS,

DE L'IMPRIMERIE DE FIRMIN DIDOT,

RUE JACOB, N° 24.

1811.

AVERTISSEMENT.

En publiant l'opinion nouvelle qu'il s'est formée sur le principe du mouvement volontaire dans les animaux, l'auteur de cet Essai n'a eu d'autre vue que de solliciter le jugement des hommes qui savent observer et réfléchir : voilà pourquoi il a cru devoir, pour le moment, se borner à la simple exposition de sa théorie, et s'abstenir d'entrer dans les applications qu'il réserve pour l'époque où il pourra terminer et publier la *seconde partie*, c'est-à-dire, lorsqu'il aura recueilli assez de remarques et d'observations critiques propres à l'éclairer sur le choix des preuves morales qui peuvent servir de base à son système.

Cette seconde partie sera donc tout-à-la-fois le développement et l'application des lois énoncées dans l'exposition sommaire que l'auteur fait ici de sa doctrine ; elle contiendra les réponses et les éclaircissements que pourraient lui demander les hommes qui, par goût pour les sciences naturelles, voudraient prendre quelque intérêt à ces spéculations.

Cette circonspection a paru nécessaire, en traitant un sujet qui a été jugé difficile par tous ceux qui se sont livrés à ce genre d'études.

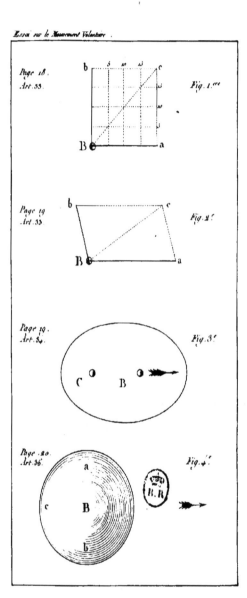

Page 18.
Art. 33.   Fig. 1.ere

Page 19
Art. 33   Fig. 2.e

Page 19.
Art. 34.   Fig. 3.e

Page 20.
Art. 36.   Fig. 4.e

ESSAI

SUR LA FORCE ANIMALE,

ET

SUR LE PRINCIPE

DU

MOUVEMENT VOLONTAIRE.

INTRODUCTION.

1. La cause physique qui produit la force
et le mouvement des animaux est un problême qui a souvent occupé l'esprit humain,
et qui est encore loin d'être résolu. Cette
question présente tant de difficultés, que
l'homme croit devoir s'en interdire la recherche, et se résigne à l'ignorance sur ce point,
en reléguant la cause d'un tel phénomène
parmi celles qui seront toujours couvertes
d'un voile impénétrable.

2. Mais ce sentiment, peu propre à étendre la sphère de nos connaissances, ne serait-il pas inspiré plutôt par la paresse de l'esprit, que par l'insuffisance des notions que nous avons acquises sur les lois de l'univers?

3. Il me semble que le mouvement volontaire n'est point un effet dont l'explication soit absolument hors de notre portée, en ce qui concerne la cause physique qui le produit, et je pense qu'il dépend d'une puissance de la nature accessible à l'observation, et par conséquent soumise à l'intelligence de l'homme.

4. Pénétré de cette idée, j'essaierai de faire quelques pas dans le développement de cette cause, ou dans l'explication du *principe productif de la force et du mouvement dans les animaux*, en m'éclairant également des flambeaux de la physique et de la physiologie, pour ne pas m'égarer dans le labyrinthe de la métaphysique, comme l'ont fait ceux qui ont donné trop d'essor aux seules *hypothèses physiologiques.*

5. Néanmoins, je ne m'interdirai point tout-à-fait les idées psycologiques; car il n'est pas permis de perdre de vue le physique ni le moral, quand il s'agit des corps organisés, sensitifs, vivants et intelligents.

6. Il faut sur·tout observer que les actions des animaux sont le résultat du concours de deux causes, dont l'une est une puissance physique, le *mouvement*, et l'autre une puissance morale, la *volonté*, et que, de ces deux *puissances*, la première, ou l'agent physique, doit être accessible à l'observation et au calcul, tandis que la seconde est sujette à l'expérience.

7. Tous ceux qui se sont occupés de ce problême ont été, pour ainsi dire, hors de mesure dans les rapports sous lesquels ils ont envisagé ces deux puissances : les uns ont voulu donner trop d'influence à la première, les autres trop à la seconde ; mais ils me paraissent s'être trompés dans la détermination du *principe physique* du mouvement et de la force des animaux, lequel a été un des principaux objets de recherches parmi les modernes, depuis que la doctrine de Locke a banni des écoles celle d'Aristote.

8. On a reconnu, avec raison, que la *volonté* n'a par elle-même ni *mouvement*, ni force, qu'elle n'en est que le *régulateur*, et que la puissance productrice de force et de mouvement ne peut exister que dans les agents physiques.

9. D'après cette idée, on a cherché à expli-

quer le mouvement des animaux par divers principes chimiques et mécaniques, par des chocs et des tiraillements, par l'électricité et le galvanisme, ou le prétendu fluide nerveux. Mais toutes ces théories sont tombées d'elles-mêmes, parce qu'elles n'ont pas indiqué des causes proportionnées aux effets, le calcul ayant démontré que les contractions des muscles supposent une force infiniment supérieure en durée, en intensité et en universalité, à tous les agents mécaniques, chimiques et physiques, qu'on a imaginés pour cause de ce phénomène.

10. Ainsi l'état actuel des connaissances, sur ce point important, se réduit à tout ce qui est relatif aux *instruments*, ou organes que la *volonté* met en jeu; mais on ne sait rien sur la source d'où la volonté tire la force et le mouvement qu'elle développe et modifie suivant ses ordres, ses caprices et ses besoins.

11. C'est cette source que j'espère indiquer d'une manière probable aux philosophes; et, si mon opinion est basée sur les lois générales et constantes de la nature, si la puissance que je désigne lie à une cause première tous les mouvements des corps vivants et organisés, j'aurai éclairé les ténèbres dans lesquelles est

encore plongé un des plus admirables phénomènes, et j'aurai élevé l'esprit humain d'un
degré de plus vers la source de toute intelligence.

12, 13. Surpris de l'énorme dépense de force
et de mouvement qui a lieu dans les actions de
la vie animale, je me suis souvent demandé
quelle pouvait en être la source, et quel était
le lien des facultés physiques aux facultés morales, par rapport aux mouvements des animaux.

14. Je crois pouvoir résoudre la première de
ces deux questions, par l'application d'une loi
générale de la nature, très-connue, laquelle
nous présente une cause proportionnée aux
effets que je cherche à expliquer. Mais je ne
saurais me flatter d'avoir une idée également
satisfaisante sur la seconde question, parce
qu'elle est, par sa nature, moins accessible à
l'intelligence humaine.

15. Trois faits principaux et incontestables
se présentent à notre considération sur ce sujet :
1° les animaux éprouvent des sensations qui
déterminent leur volonté; 2° leur volonté détermine les mouvements qu'ils exécutent et la
force qu'ils exercent; 3° leurs facultés intellectuelles sont liées à l'exercice de leurs forces
physiques.

16. Maintenant, pour procéder avec méthode à la recherche de la cause de ces faits , je ferai d'abord des réflexions sur les lois du mouvement , considéré en général dans ce qui a rapport à mon objet, et dans le but principal d'éclairer les objections qu'on aurait à me faire, ou afin qu'elles servent de base pour y répondre, dans une seconde partie qui suivra celle-ci, et qui sera le développement complet de ces principes : mais je tâcherai aussi d'en faire , dans cette première partie, quelques applications aux *mouvements volontaires* des animaux, pour déterminer la cause physique de laquelle ils dépendent.

PARAGRAPHE PREMIER.

Du Mouvemement considéré comme cause première.

17. La matière ne fait corps qu'en vertu de sa réunion par l'attraction , réunion qui n'a pu se faire que par le mouvement ; il a donc fallu que le mouvement et l'attraction y concourussent ensemble. Tous les corps ont une sphère d'attraction qui s'étend indéfiniment, d'où il résulte que tous sont liés par *attraction*, qu'ils gravitent l'un vers l'autre, et que rien ne les

empêche de se réunir, si ce n'est leur force de mouvement. Cette force de mouvement que la nature imprime aux planètes et à tous les autres corps disséminés dans l'espace, circonscrit leur marche, déterminée périodiquement en proportion des masses, des vitesses et des distances.

18. L'attraction sans le mouvement formerait, dans l'univers, un bloc unique de toute la matière qui est dispersée dans l'espace, et son dernier mouvement aurait été pour obéir à l'attraction, au moins pour ce qui a rapport à notre système planétaire. Mais la nature a voulu qu'une partie de la matière fût, par le mouvement, jetée et parsemée dans l'espace, et que ces masses éparses fussent défendues par ce même mouvement contre l'attraction. C'est aussi par le mouvement que la matière s'organise et prend de la vie : plus un corps a de mouvement, plus il est organisé, et plus il a de vitalité.

PARAGRAPHE II.

Le mouvement est transmissible et indestructible.

19. Un corps en repos peut se mouvoir par le choc d'un autre corps en mouvement ; alors

nous observons les deux mouvements qui en
résultent : l'un en a perdu, l'autre en a acquis.
Cette expérience démontre que le mouvement
n'est pas une qualité fixée dans les corps, mais,
au contraire, qu'il est une puissance indestructible, libre et transmissible des uns aux autres ;
qu'il ne peut abandonner un corps sans le contact d'un autre corps ; que, si un corps a reçu
une impulsion, il faut un obstacle égal pour
lui résister ou détruire son mouvement ; soit
qu'il le transmette en détail à l'atmosphère,
soit qu'il le transmette en totalité à un ou à
plusieurs autres corps, il aura toujours transmis son mouvement à la matière qui lui aura
fait obstacle. On demandera ce qu'est devenu
le mouvement dans ces nouveaux corps : je répondrai que ces nouveaux corps continuent
d'obéir au mouvement qui leur a été transmis,
ou qu'ils l'ont communiqué à d'autres corps
ambiants ; que, dans l'un ou l'autre cas, il a
été transmis tout entier et sans aucune perte.
Le mouvement se transmet ainsi jusqu'à ce
qu'il se soit réuni à la source commune, qu'il
soit rentré dans le grand mobile du système
planétaire : c'est là son réservoir commun. Il
en est du mouvement comme de l'électricité,
dont les effets cessent à nos yeux quand nous

ne l'apercevons plus et qu'elle s'est réunie au commun réservoir.

20. Des expériences faites avec soin sur la transmission du mouvement, ont suffisamment démontré que le mouvement ne se perd pas. Par exemple, deux corps élastiques égaux en masse et en vitesse qui s'entrechoquent, se rendent réciproquement le mouvement qu'ils ont reçu, moins ee qu'ils en communiquent dans leur course aux parties de l'air qui les environnent, lesquelles, après un certain nombre d'oscillations des deux corps, se sont emparés de la totalité de leur mouvement; mais quand deux corps non élastiques se frappent, ils ne produisent aucune oscillation. Où est passé, dans ce cas, le mouvement de ces deux corps, abstraction faite de celui qu'ils ont transmis pendant leur course aux parties de l'air environnant? Pour répondre à cette question, il semble qu'on a besoin d'avoir recours aux idées métaphysiques. On croira d'abord que le mouvement s'est anéanti ou perdu, parce qu'on n'aperçoit que deux corps qui, avec une certaine vitesse, se sont rencontrés, et qui, à l'instant même de leur contact, sont restés en repos. Pour moi, voici comment je conçois que leur mouvement ne s'est pas perdu,

mais bien transmis. Tous les points de ces deux corps cèdent et s'applatissent avec frottement : les frottements de cette espèce sont des déchirements, qui ne peuvent s'opérer sans que les molécules glissent les unes sur les autres, et sans qu'il se dégage du calorique ; mais le calorique ne peut se dégager sans qu'il se place quelque part, ou sans soulever d'autant le poids de l'atmosphère, ce qui ne peut s'effectuer sans mouvement. Il faut considérer en outre que le corps, de rond qu'il était, prend une forme plate, qu'alors il occupe moins de place, et que dans l'acte de ce changement de forme, il transmet en tout sens son mouvement à l'atmosphère. Il est évident qu'il y a des conducteurs du mouvement plus ou moins bons, comme par rapport à l'électricité, au son, au calorique, etc. Les corps élastiques sont aux corps non élastiques, comme les frottements de la première espèce sont aux frottements de la seconde : l'action élastique et les frottement de la seconde espèce ne développent point de calorique, et l'action des corps non élastiques, ainsi que les frottements de la seconde espèce, en développent toujours.

21. L'étude de la nature nous donne le sentiment que le mouvement ne se perd pas plus

que la matière, et il nous est également impossible de concevoir l'anéantissement de l'un
et de l'autre. Les corps sont partiellement en
action dans des proportions différentes à l'infini, et ne cessent pas un instant de tendre
à l'équilibre. Les expériences que l'on peut
conduire par une chaîne, d'anneau en anneau,
jusqu'au dernier, donnent pour résultat que
le mouvement ne se manifeste dans aucun
corps, sans provenir d'un ou de plusieurs
corps, qui ont perdu un mouvement égal à
celui qu'ils ont transmis.

22. Un corps auquel je donne une force de
mouvement égale à 10, ne s'arrêtera que quand
il aura transmis tout son mouvement aux corps
qu'il aura rencontrés dans son passage : donc,
ce corps a eu en lui une force disponible, ou
plutôt transmissible, qu'il ne pouvait avoir
quand il était en repos.

23. Les lois du mouvement que je viens
d'exposer, semblent caractériser une puissance
de la nature essentiellement différente de la
matière, puisqu'il est si susceptible de se ma-
nifester dans les corps, et s'y place dans toutes
les proportions, leur donnant à l'infini toute
espèce de force. On dira peut-être que le mouvement n'est qu'une propriété des corps ; mais

qu'est-ce qu'une propriété qui n'est rien et qui
est tout ? une propriété qui, accumulée dans
les *projectiles*, occasionne des effets terribles,
et produit les grâces quand elle est ménagée,
comme dans l'art de la danse, etc. ? Comment
peut-on nommer propriété des corps une force
universelle qui est continuellement en action
et en effort d'équilibre, telle qu'un fluide dans
des vases qui se communiquent, et dans lesquels la différence en augmentation ou en
diminution du fluide, est aussitôt partagée?
Le mouvement enfin est tout en soi et n'est
rien à l'égard des corps qui sont entraînés par
lui, si ces corps ont chacun une portion semblable de mouvement; car ajoutez ou retran-
chez à chacun une égale portion, cela ne chan-
gera rien entre eux ou à leurs rapports.

24. Je n'ai pas l'intention d'examiner ici
quelle est l'origine du mouvement, s'il existe
de tout temps, s'il est une propriété de la
matière, une puissance, un agent, un être
enfin. Le mouvement existe : je le saisis dans
ses effets, et je crois qu'on ne le saisit que là.

PARAGRAPHE III.

Le mouvement s'accumule à l'infini.

25. La force, ou puissance de vaincre un obstacle, tient au plus ou moins de mouvement qu'a un corps auquel on oppose cet obstacle. Par exemple, un corps en repos exerce sur la surface de la terre un effort exprimé par l'attraction qui le sollicite ; retirez l'obstacle, il ira aussitôt jusqu'à un autre obstacle, malgré sa résistance naturelle au mouvement, résistance qu'il a échangée contre une égale portion de mouvement. Mais à mesure que ce corps échange de sa résistance contre du mouvement, il acquiert en proportion une accumulation de mouvement qui peut devenir une puissance infinie.

26. Les expériences sur le mouvement accéléré dans la chûte des corps ont démontré cette vérité de manière qu'il serait superflu de m'arrêter sur ce point.

PARAGRAPHE IV.

Le mouvement accumulé est disponible.

27. Pour démontrer cette vérité, nous supposerons deux boulets de canon A et B, sem-

blables dans toutes leurs circonstances et en
repos : il est évident que chacun d'eux aura
une même résistance d'inertie à opposer à un
mouvement égal qu'on tenterait de leur communiquer. Si le boulet B est projeté avec une
vitesse égale à celle qu'il aurait par une charge
quelconque de poudre, ce boulet, dans ce
cas, aura une force que n'a pas le boulet A,
quoique sa masse soit restée la même ; donc,
la différence entre les forces de mouvement
de ces deux corps est due au mouvement
communiqué au boulet B, et qui n'existe pas
dans le boulet A : c'est donc un mouvement
qui est transmis à ce boulet, qu'il abandon-
nera ensuite aux corps qu'il rencontrera sur
son passage.

28. Supposons encore que ce boulet B soit
accompagné d'un observateur, et qu'ils soient
ensemble enfermés dans un aérostat emporté
par un courant d'air d'une vitesse égale à
celle du boulet B, il n'y aura entre eux aucune différence de mouvement, et autour de
l'observateur tout ne présentera que le repos.
Supposons aussi que l'autre corps A reste fixe
sur la terre, et soit accompagné d'un autre
observateur, emfermé dans un ballon semblable à celui de l'observateur de B, mais sans

mouvement ; les deux observateurs éprouveront, sans aucune différence, la même sensation
d'apparence de repos, quoique le corps A ,
aux yeux d'un troisième observateur posé sur
la terre, n'ait aucun mouvement , et que le
corps B ait une force de mouvement considérable. Si les observateurs de B et de A sé
mettent en mouvement et roulent les boulets
dans tous les sens , ils éprouveront l'un et
l'autre la même résistance : s'ils font de leurs
boulets des pendules, les oscillations de l'un
seront égales aux oscillations de l'autre : ils
éprouveront toujours , et dans tous les cas ,
même progression , même équilibre, même
communication de mouvement , sans perte ni
gain , enfin cette absolue facilité qu'a le mouvement pour passer d'un corps dans un autre.

29. Les deux observateurs cherchant à faire les
mêmes expériences et à agir l'un comme l'autre,
supposons à présent que A soit placé dans un
point fixe de l'espace, hors même de toute
sphère d'attraction , enfin dans un repos ab-
solu et dans un lieu pareil à celui où est B ;
puis, que les deux observateurs aient la faculté
de soutirer du mouvement d'un corps qui en
aurait, il arrivera alors que l'observateur du
corps A n'en trouvera pas, et que celui du
corps B en trouvera.

3o. Si, par une vertu quelconque, sans le contact d'un autre corps, on soutirait du mouvement du corps B, ou qu'une partie en fût anéantie, il arriverait que ce corps, en perdant de son mouvement, opposerait à celui de l'aérostat qui l'emporte, et sur lequel il est supposé fixé, une résistance d'inertie proportionnée à la perte qu'il aurait faite. Mais à mesure qu'il perdrait du mouvement, la résistance d'inertie qui le remplacerait serait instanément vaincue par l'aérostat, et d'autant plus promptement ou brusquement, que le mouvement de l'aérostat surpasserait davantage celui du corps B, par la perte que celui-ci aurait éprouvée. Dans cet état, l'aérostat ne pourrait rétablir l'équilibre de mouvement entre lui et le corps B, sans en donner à son tour, et s'opposer d'autant en inertie à l'air qui l'emporte, sans que l'air qui l'emporte ne lui rendît du mouvement pour rétablir l'équilibre, et ainsi de suite, jusqu'à équilibre parfait; enfin ce serait un mouvement perdu pour la nature. Mais il n'y aurait pas eu de mouvement perdu, si l'observateur avait soutiré du mouvement au corps B, par choc en un sens contraire à sa marche. Ce choc aurait été, en apparence, une perte de mouvement qu'aurait faite l'observateur ; mais comme il n'y a point d'action sans point d'appui, que le point d'appui aurait été l'aérostat, et que, par *l'action vraie*, c'est le corps B qui aurait frappé l'observateur dont le mouvement aurait été retardé, il en serait résulté que l'aérostat aurait acquis, en force de mouvement, ce qu'il en aurait perdu ensuite pour vaincre l'inertie du corps B.

31. Si l'observateur de A avait voulu soutirer du mouvement, cela lui aurait été impossible, et ce corps serait resté immobile faute de mouvement préexistant en lui.

32. Si chaque observateur imprime à son boulet une impulsion dans le sens opposé à la marche de l'aérostat, les deux boulets paraîtront, aux yeux des deux observateurs, avoir acquis le même mouvement, quoique, en réalité, le corps A seul en aura acquis, et le corps B en aura perdu autant que celui-là en a gagné. Mais si les observateurs donnent à leurs boulets le même mouvement dans le sens de l'aérostat, il est clair que les deux boulets auront acquis la même quantité de mouvement. Le corps A ayant zéro de mouvement, et le corps B en ayant un égal à m, si l'observateur donne à B un mouvement n en sens contraire de l'aérostat, la quantité de mouvement en B sera

3

$m-n$. Si l'autre observateur imprime à A un mouvement n, dans quelque sens que ce soit, le mouvement contenu dans le corps A sera $o+n$ $=n$: ainsi, dans ce dernier cas, au lieu d'avoir communiqué des mouvements égaux, par des impulsions égales, aux deux corps, l'un aura acquis du mouvement autant que l'autre en aura perdu. Si l'on imprime un mouvement n au corps B, dans le sens de son mouvement, il aura $m+n$, et A aura toujours, dans quelque sens qu'on le lui imprime, un mouvement $o+n$ $=n$: mais étant isolé dans l'espace, son mouvement ne pourrait discontinuer ni même éprouver aucune variation dans sa vitesse, à moins qu'il ne rencontrât une sphère d'attraction d'un corps qui, s'en emparant, en ferait un satellite d'autant plus près du corps, que l'angle formé par la direction de la marche de A au point où l'attraction l'atteint, et par la ligne qui conduit au centre d'attraction, serait plus ouvert; et, si l'angle était ouvert au point d'être une ligne droite, le corps A ferait une addition au corps attirant.

33. Si l'on imprimait au corps B un mouvement quelconque, mais dans un plan perpendiculaire au courant qui emporte l'aérostat, sa marche, dans le sens du courant, ou longitu-

dinale, n'en serait ni augmentée, ni diminuée,
mais le corps aurait plus de mouvement et par-
courrait plus d'espace : la différence serait de la
diagonale aux côtés, c'est-à-dire, que, si le corps
B étant emporté dans la direction Ba (fig. I) avec
une force de mouvement représentée par cette
même ligne, reçoit une impulsion dans la direction Bb, par une force de mouvement expri-
mée par Bb, le corps B parcourra la ligne Bc
dans le même temps qu'il aurait mis à parcourir Ba avant l'impulsion, et dans le même
temps qu'il aurait mis à parcourir Bb, s'il eût
été en repos avant de recevoir l'impulsion. On
voit qu'en orientant la surface Ba, le corps B
a parcouru autant de degrés en longitude, que
s'il n'avait pas reçu d'impulsion latitudinale,
et qu'il en a autant parcouru en latitude que
s'il n'eût pas été emporté par un courant lon-
gitudinal. Donc il n'y a là aucune partie de
mouvement perdue : mais le corps B parcourt
plus de chemin en parcourant Bc, qu'il n'aurait fait s'il n'eût pas reçu l'impulsion. Il est un
sens où, si on lui applique l'impulsion, il ne
parcourra qu'un chemin égal à Ba ; (fig. II) c'est
le cas où la diagonale du parallélogramme est
égale au côté Ba. On sent que cela doit être
ainsi, puisque, si B reçoit une impulsion dans

3.

le sens contraire à son courant, il perdra de son mouvement; s'il la reçoit, au contraire, dans le sens de son courant, son mouvement est accéléré : donc il y aura nécessairement un point où, appliquant l'impulsion, le mouvement ne sera ni accéléré, ni ralenti.

34. Un corps peut paraître recevoir du mouvement d'un autre corps, quand, au contraire, c'est lui qui en donne, comme dans l'exemple suivant. Si l'on suppose que, dans l'aérostat, il se trouve un second corps C (fig. III) placé en arrière de B, et transporté d'un mouvement semblable, et que le corps B reçoive un choc en sens contraire du mouvement de l'aérostat, il aura son mouvement diminué, c'est-à-dire, moins de mouvement que ce corps C qui, par cette raison, le rencontrera bientôt dans l'aérostat : pourtant ce corps C, aux yeux de l'observateur, paraîtrait avoir été frappé par B, tandis qu'aux yeux d'un autre observateur, placé hors de l'aérostat, le corps B aurait perdu de son mouvement, et serait atteint par le corps C qui n'en aurait pas perdu. Combien d'illusions de cette espèce n'avons-nous pas! et combien ne sont-elles pas nuisibles aux progrès des sciences! Le voile de l'habitude nous cache souvent la vérité, et ce voile est trop

lourd pour que les esprits routiniers puissent
le relever.

35. Le corps A ne peut avoir de mouvement
que celui qu'on lui communiquerait : mais,
ainsi que nous l'avons observé, il ne pourra
pas en perdre, puisqu'il est dans un repos ab-
solu ; de sorte que, si l'on mettait un être vi-
vant à sa place, cet être ne pourrait tirer du
mouvement de lui-même en aucune manière.
D'après ce principe, qui est une vérité physique,
je pense que si notre planète perdait graduelle-
ment et entièrement son mouvement, il ne
pourrait plus exister ni animaux, ni végétaux
sur la terre, parce qu'il serait impossible que les
mouvements essentiels à la vitalité et à la végétation pussent s'effectuer.

36. Je suppose que le corps B (fig. IV) soit
composé de 100 parties, et qu'il y ait 100 de force
de mouvement, chaque partie aura 1 de force
de mouvement : je suppose, en outre, que ce
corps B possède la faculté de disposer à son gré
de son mouvement, de manière à en soustraire
d'une de ses parties au profit d'une autre ; par
exemple, que le mouvement de la partie qui
est en a soit soutiré et porté à celle qui est en
b, la quantité du mouvement du corps B sera
toujours la même ; mais a présentera une résis-

tance d'inertie, et *b* aura le double de mouvement qu'il avait, ce qui déterminera un mouvement de rotation dans le sens *acb*, et l'équilibre de mouvement s'établissant bientôt par
la communication qui s'en fera par égale portion aux 98 autres parties, ces 100 parties con-
courront toutes au mouvement de rotation,
sans altérer la force du mouvement ni la direction de B.

37. Cette démonstration suffit pour nous
mettre sur la voie des applications et faire
comprendre, jusqu'à l'évidence, comment,
par la faculté de transmettre et d'accumuler le
mouvement sur telle ou telle partie du corps B,
on fera éprouver à ce corps tous les mouvements de rotation qu'on voudra, sans que sa
masse totale perde rien de son mouvement
intrinsèque, en supposant toujours qu'il ne
rencontre aucun obstacle. Cette translation du
mouvement, qui, sans l'altérer, fait naître la
rotation du corps B, ne pourrait s'opérer dans
le corps A, qui, par la supposition, n'a aucun
mouvement en lui.

38. Les démonstrations précédentes prou-
vent que le mouvement accumulé est disponible, et que les corps ne peuvent entrer en ac-
tivité que par du mouvement communiqué.

39. Le mouvement, considéré ainsi, se présente sous un aspect tout différent de celui que les physiciens lui ont donné jusqu'ici. Je pense que, dans la nature, il y a de la *matière* et des *agents*, c'est-à-dire, des *corps* et des *agents*, ou *puissances :* les *corps* sont les diverses modifications de la matière, qu'on nomme *substances, minéraux, végétaux, animaux, astres, atmosphère*, etc. : les *agents* sont les principes actifs de la matière, ou les lois générales de la nature, savoir, l'*attraction* et le *mouvement.* L'attraction et le mouvement sont en combat perpétuel ; ils sont deux mouvements en opposition, qui devraient être appelés *mouvement concentrant* et *mouvement expansif;* le maximum de ce dernier est le minimum de l'autre, et le maximum de l'attraction, ou mouvement concentrant, est le minimum du mouvement expansif. Il semble que, dans la nature, il n'existe aucun phénomène qui n'ait son positif et son négatif. Il y a un principe de mouvement rattachant, ou propriété attirante, à chaque molécule de matière, pour s'unir l'une à l'autre, qui appelle en tous sens et ramasse tout ce qu'il atteint, quand un autre principe de mouvement contraire ne le défend pas. Ce dernier principe de mouvement expansif, qui combat

l'attraction ou le mouvement concentrant,
provient du mouvement planétaire, comme la
nature nous l'indique par les faits. Il me semble
qu'on ne doit pas confondre ces agents univer-
sels, attraction et mouvement, avec les proprié-
tés des corps : celles-ci sont inhérentes aux
substances, au lieu que les autres agissent sur
tous les corps également, et se modifient diver-
sement dans chacun.

40. Après avoir considéré les lois du mouvement en général, examinons maintenant les
mouvements volontaires de l'homme et des
animaux.

PARAGRAPHE V.

Du mouvement volontaire des animaux.

41. Parmi les nombreuses merveilles des
phénomènes de la vie, une des plus admirables est certainement celle que nous offrent
les mouvements des animaux. La propriété
qu'ont leurs fibres de se contracter, les unes
par l'excitation des stimulants, les autres par
l'influence de la volonté, est un effet jusqu'à
présent inexplicable. L'on n'a pu jusqu'ici dé-
couvrir la cause occulte de cette propriété
vitale, et ce que les recherches et les médi-

tations des physiologistes nous ont appris sur
ce phénomène se réduit à savoir que tous
les mouvements des organes des animaux sont
produits par le moyen du système nerveux,
c'est-à-dire, que la faculté contractile des
fibres est déterminée à entrer en action par
les nerfs ; mais cette explication ne nous ap-
prend rien sur le principe, et n'est relative
qu'à l'instrument conducteur des organes con-
tractiles.

42. La résolution de ce problême paraît bien
plus difficile à l'égard des mouvements volontaires, qu'à l'égard de ceux qui se font invo-
lontairement, parce que les contractions inté-
rieures des organes de digestion, de circula-
tion, de secrétion, etc., ne sont ni aussi
modifiées, ni aussi fortes que celles des muscles
soumis à l'empire de la volonté. La force de
la contraction de ces muscles surpasse infiniment celle que pourraient produire tous les
agents mécaniques et chimiques. Ni les lois
de la dynamique, ni même celles des affini-
tés chimiques, ou de l'attraction moléculaire,
ne peuvent expliquer les mouvements volontaires : tout ce qu'on a dit à ce sujet sur le
galvanisme et sur l'électricité n'éclaircit pas
davantage ce phénomene ; car ce ne sont que

4

des agents d'irritation extérieure, insuffisants
pour les opérations de la volonté. L'hypothèse
du fluide nerveux est encore moins admissible;
car elle repose sur une chimère, ou au moins
sur une cause dont l'existence ne nous est
point démontrée.

43. L'imagination a peine à concevoir l'im-
mense et continuelle dépense de force et de
mouvement que font les animaux. Quelle dépense de force que celle des poissons qui
nagent contre les courants rapides, qui re
montent contre les cascades; que celle des
oiseaux qui volent contre les vents; les uns
et les autres devant prendre un point d'appui
sur un élément qui fuit! Quelle énorme dépense de force fait un cheval, qui marche
six heures de suite en traînant un grand poids;
et une puce qui, d'un saut, s'élève à une
distance de mille fois le diamètre de son corps,
en répétant mille fois ses sauts ! Combien est
grande, non-seulement l'intensité, mais encore la durée non interrompue de dépense de
force et de mouvement des animaux, même
les plus faiblement organisés, tels que les in-
sectes, qui sans cesse voltigent dans l'air !

44. J'ai admiré la force et le mouvement
des ailes des papillons que j'avais fixés par

une épingle à travers le corps : je les ai vus
s'agiter plus de trente-six heures, sans qu'on
ait pu les surprendre un seul instant en repos,
et produisant dans l'air un bruit tel que certainement n'aurait pu occasionner, pendant le
même temps, le rouage le mieux construit, avec
un poids de 150 livres. Il n'est pas moins éton-
nant d'observer l'énergie prolongée que développe une puce poursuivie et tourmentée dans
un vase : l'observateur le plus phlegmatique
se lasse avant que la puce épuise ses forces.
Rien n'est plus fait pour exciter l'étonnement
du philosophe qu'une telle observation ; mais
il sera bien plus surpris encore, si, par un
calcul facile, il considère qu'une puce de $\frac{1}{60}$
de grain a en elle une force acquise, telle que
si elle était solide au point d'être indivisible,
elle entraînerait un corps du poids d'une livre
et demie, que l'on imaginerait placé dans
l'espace, ou traverserait le corps, si l'inertie
de ce corps résistait plus que l'adhérence de
ses molécules.

45. La matière qui compose les corps organisés s'y trouve dans un état de combinaison et de rapports tel que toutes leurs parties
et chacune d'elles correspondent à un centre
commun. De cette combinaison et de ces rap-

4.

ports résultent la faculté des organes conducteurs des sensations au centre commun de
l'organisme, et celle des organes conducteurs
ou instruments des mouvements que la volonté
détermine en rompant l'équilibre qui constitue la loi générale de la nature. Une fois que
l'équilibre est rompu, il doit nécessairement
se produire du mouvement dans les parties
des corps, par le mécanisme de leur struc-
ture. Tant que la volonté rompt l'équilibre,
il découle, pour ainsi dire, du mouvement
et de la force; mais nous avons vu qu'un
corps ne peut communiquer de mouvement
à un autre corps qu'autant que lui-même en
a reçu; or, la consommation en étant ici continuelle et considérable, il me semble impossible d'en trouver la source ailleurs que dans
la *somme* intarissable du mouvement de la
terre.

46. En voyant la grande dépense de force
que font les animaux, on serait porté à sup-
poser qu'à mesure qu'ils en consomment ils
épuisent la source de la force dont ils font
usage. Cette opinion, selon moi, serait erro-
née : je crois que les animaux ne peuvent
épuiser la source de leur force. Pour faire
entendre cette idée, je comparerai la source

d'où dérive la force et le mouvement que les
animaux exercent , à une fontaine constam-
ment remplie d'eau, et qui communique libre-
ment et sans cesse à une source intarissable :
si le robinet de la fontaine est fermé, l'eau
restera en repos ; si l'on ouvre le robinet,
l'eau jaillira à l'instant, et la source rempla-
cera immédiatement et sans interruption l'eau
échappée : qu'on tourne le robinet par degrés
ou tout-à-coup, la fontaine ne cessera jamais
d'être pleine.

47. Cet exemple peut donner une idée de
la manière dont je conçois que les animaux
ne peuvent jamais épuiser la source de leur
force et de leur mouvement ; car cette source
doit être intarissable, si elle provient des révolutions diurne et orbitaire du globe, dont
la quantité de mouvement surpasse infiniment
tous les mouvements et toutes les forces des
corps qui agissent à sa surface. Le mouvement des corps est au mouvement planétaire
ce que l'eau de la fontaine est à l'eau de la
source intarissable, que nous avons supposée
être en communication non interrompue avec
elle. Tous les corps sur la terre sont constam-
ment remplis de mouvement et de force,
comme la fontaine que nous avons dit être

toujours remplie d'eau : la fontaine est en équilibre avec la source; les corps le sont avec le mouvement de la terre.

48. Parmi la diversité des corps qui sont sur la surface du globe, il y en a qui, étant organisés et doués d'une puissance interne qu'on nomme volonté, ont, par rapport au mouvement de la terre, la même disposition qu'a la fontaine relativement à l'eau de la source intarissable. Cette classe de corps est organisée; elle est pourvue de volonté, afin de pouvoir soutirer, modifier, transmettre et employer à son gré, selon ses besoins et ses caprices, le mouvement et la force dont elle est invariablement pourvue par la source iné-puisable des révolutions de notre planète, et de la même manière que la fontaine est pourvue d'eau, pendant le jeu varié de son robinet, s'il m'est permis de me servir encore d'une comparaison qui, malgré son peu d'analogie, exprime assez bien ma pensée sur un sujet aussi abstrait. La différence la plus essentielle que je trouve entre les deux objets de ma comparaison, c'est que l'eau ne saurait s'accumuler dans la fontaine, tandis que le mouvement planétaire peut s'accumuler par sa concentration dans les corps.

49. Mais, dira-t-on, si, comme vous le pré-
tendez, les animaux peuvent soutirer du mouvement et de la force à l'infini, il n'y aurait
pas de raisons pour qu'il y eût des limites à
leurs mouvements et à leurs forces, au moins
autant que leur volonté pourrait exercer son
empire sur leurs organes. Cela serait effecti-
vement vrai, si l'animal, dans ses mouvements,
n'éprouvait pas plus de frottements et de pertes,
que n'en éprouvent les astres dans leurs révolutions : mais il en est tout autrement des
corps organisés.

50. Les animaux ne peuvent exercer des
mouvements, sans que leurs organes n'éprouvent des pertes qui exigent des réparations.
Leur action les affaiblit et les rend impropres
à servir d'instruments à la volonté, jusqu'à
ce qu'ils récupèrent les qualités requises pour
cet usage. Les articulations ne peuvent être
mises en jeu, quand il leur manque la *syno-*
vie : les ligaments et les tendons ont aussi besoin d'être lubréfiés par les humeurs des glandes
muqueuses : de même, les nerfs et les muscles,
en un mot, la fibre animale n'est en état d'agir
que par la force attractive de ses molécules,
force de rapprochement de la matière vivante,
et propriété entretenue par la nutrition. La

restauration de toutes les qualités indispensables, que les organes perdent continuellement ne peut s'opérer que par la suspension des mouvements volontaires. Ainsi, quand un organe n'est plus disposé au mouvement, ce n'est pas parce que l'animal a épuisé le principe du mouvement et de la force, dont la source est inépuisable, mais bien parce que ses organes ne sont plus en état de servir d'instruments à sa volonté.

51. Dans ce défaut d'aptitude des organes pour agir, il leur faut la restauration qui s'opère par la nutrition, par le repos et par le sommeil, pour que la volonté puisse de nouveau disposer du mouvement planétaire accumulé. C'est par cette cause et par cet effet que les animaux se reposent et s'endorment. Le repos est partiel quand la volonté cesse de pouvoir exercer son empire sur un ou quelques organes : mais, quand cette inefficacité de la volonté est générale sur tous les organes qui lui sont soumis, alors les paupières tombent, et l'animal est livré au sommeil.

52. Nous avons vu comment les mouvements volontaires des animaux pourraient provenir du mouvement diurne et orbitaire de notre globe. Mais je voudrais voir encore, s'il

est possible, quel rapport existe entre la volonté et le mouvement.

*Réflexions sur le rapport entre la volonté et
le mouvement.*

53. Le rapport du physique au moral
semble être un problème insoluble. En effet,
comment l'homme pourra-t-il saisir l'anneau
invisible qui enchaîne le monde matériel avec
la puissance immatérielle dont l'existence est
démontrée par l'harmonie de l'univers? Malgré cette impossibilité, il nous est permis de
nous former, sur le genre de rapport qu'il y
a entre la volonté et le mouvement, une idée
que la raison admet sans démonstration, à
l'aide de nos facultés intellectuelles, par lesquelles nous acquerrons l'évidence morale.

54. J'ai déja indiqué que les révolutions
planétaires pourraient être l'unique source de
tous les mouvements de la matière inanimée,
et de ceux qu'exercent tous les corps terres-
tres.

55. D'un autre côté, nous savons que la
matière animée est douée d'un autre principe
actif, qu'on nomme *volonté*.

5

56. Ainsi, nous connaissons dans l'univers, deux *puissances*, savoir, le mouvement qui commande à la matière, et la volonté qui commande au mouvement, et qui est essentielle à la matière animée.

57. Il y a entre ces deux puissances un rapport direct, parce qu'elles sont d'une nature - analogue, et ce rapport constitue, pour ainsi dire, le chaînon qui lie l'esprit à la matière ; car la volonté, qui est une faculté de l'esprit, dispose du mouvement, qui est une *faculté* plutôt qu'une propriété de la matière.

58. On pourrait dire que la volonté est l'anneau extrême de la chaîne intellectuelle du côté de la matière, que le mouvement est aussi l'anneau extrême de la chaîne matérielle, du côté de l'esprit, et que l'enchaînement de ces deux anneaux lie le moral au physique.

59. Plus je réfléchis sur le rapport qu'ont entre eux la volonté et le mouvement, et plus je suis porté à croire que le mouvement est une puissance immatérielle, qui anime la matière, et sans laquelle tous les phénomènes de la nature seraient anéantis. Tout ce qui caractérise le mouvement est très-différent des propriétes de la matière. Il est un agent universel, non seulement impondérable, mais encore in-

saisissable pour nos instruments, et impercep-
tible pour nos sens indépendamment de ses
effets sur les corps : il passe d'un corps à
d'autres en totalité ou en partie, étant bien
plus transmissible que le calorique, l'électricité, et les autres fluides les plus subtils : il
est perpétuellement en action sur toute la
matière, depuis le jeu insensible des atômes
jusqu'au cours rapide des astres ; enfin le mouvement est indestructible, et l'on peut dire
avec exactitude *qu'il n'est rien et qu'il est tout.*
Un agent aussi universel, aussi énergique et
inépuisable, dont l'action constante donne la
vie à la matière, et la maintient, pour ainsi
dire, hors du néant, doit être immatériel, et
paraît être l'ame de l'univers.

60. J'ignore si sa nature est la même que
celle de notre ame ; car, sur les êtres immatériels, nous ne pouvons avoir que des idées
négatives, c'est-à-dire, que nous ne savons
rien, sinon qu'ils diffèrent essentiellement de
la matière.

61. Je me borne donc à conjecturer que le
mouvement est un agent *immatériel,* qui est au
monde matériel ce que la *volonté* est au *monde
intellectuel.* Cette opinion est appuyée sur
deux principes qui me semblent incontestables :

5.

1° que la matière ne peut être animalisée, ni
végétante, ou encore ne peut exister organi-
quement sans mouvement ; 2° que la volonté
est liée au mouvement spontané, puisque
celui-ci en est l'effet immédiat. Je conclus de
ces deux observations, que la volonté et le
mouvement sont deux *puissances* d'une espèce,
sinon identique, au moins la plus analogue
dans la série des *agents* de la nature. Ce rai-
sonnement me paraît être le seul trait de lumière qui puisse m'éclairer dans l'investigation
du principe des mouvements volontaires des
animaux.

62. Je prévois qu'on me demandera si je
comprends comment la volonté dispose du mouvement planétaire. Je répondrai qu'il nous est
impossible d'avoir une idée juste des puissances immatérielles telles que la *volonté* et
le *mouvement*, parce que nos facultés *sensitives* et *intellectuelles* ne peuvent s'exercer que
sur des choses sensibles ou intelligibles : le
lévier de notre entendement est impuissant à
l'égard des êtres immatériels, faute de point
d'appui. D'ailleurs, je ne me suis pas proposé
d'expliquer le rapport qu'il y a entre l'ame
.et la matière (problème au-dessus de l'intelligence humaine), mais seulement d'*indiquer*

ce que je crois être la source constante de la force et du mouvement que les animaux exercent.

63. Ainsi, pour remplir le but que je me suis proposé, je n'ai pas besoin de connaître comment la volonté dispose du mouvement, et il me suffit d'avoir indiqué que dans le rapport de ces deux *agents* pourraient se trouver les éléments qui composent le *mouvement volontaire.* Je n'aurai pas la folle prétention de vouloir pénétrer l'impénétrable secret de la nature. Cette présomption serait d'autant plus téméraire, que l'homme, malgré les efforts de son génie, ignore encore comment agissent entre elles les substances matérielles les mieux connues. Que savons-nous sur l'animalisation, la végétation, la lumière et sur les autres merveilles de la matière ? rien de plus que l'énumération des phénomènes, et l'ordre dans lequel ils composent le système de la nature; car notre science consiste plus dans la connaissance des effets que dans celle des causes.

64. Contentons-nous de nous être élevés par l'etude de la nature, autant que le permettent nos facultés sensitives et intellectuelles, à la conception que la volonté pour-

rait disposer du mouvement planétaire, et que
le *mouvement volontaire* pourrait être le produit de ces deux éléments; (savoir, la volonté,
faculté de l'ame, et le mouvement, faculté
de la matière), produit développé à l'aide des
organes des corps vivants, qui en sont les
simples instruments.

65. Telle est la nouvelle théorie du mouvement volontaire que-je soumets à l'examen
du philosophe, la croyant plus vraisemblable
que toutes les hypothèses insuffisantes qu'on
a imaginées pour expliquer cette partie dynamique du grand problème de la vie.

66. La cause que j'ai indiquée serait non-
seulement *réelle*, ou d'existence démontrée,
mais encore elle serait plus que suffisante
pour produire les mouvements variés et nom-
breux des animaux. Comment la nature au-
rait-elle placé dans le même individu une
puissance énorme et la faculté de dépenser
une si grande quantité de force et de mouvement, sans fournir à cette dépense par une
source bien supérieure ou intarissable, dont
les connaissances humaines n'ont présenté aucune cause probable, hors celle que j'offre
ici à la discussion, la seule que je puisse
trouver proportionnée aux effets. Au reste, si

j'ai quelque confiance dans ce système, c'est qu'il me semble conforme à la marche de la nature, qui, dans la production des phénomènes généraux, agit toujours par les lois les plus universelles et les plus simples.

F

Imprimé en France
FROC031232160919
22144FR00014B/345/P

9 782329 313498